知ろう！学ぼう！障害のこと

言語障害
のある友だち

監修 山中ともえ
（東京都調布市立飛田給小学校 校長）

はじめに

言語障害のある友だちがいる君へ

　みなさんは、うれしかったことや楽しかったこと、悲しかったことや困ったことがあったとき、どうやってまわりの人に気持ちを伝えますか？　手紙やメールなどいろいろな方法がありますが、多くの人は、ことばを話して気持ちを伝えますよね。ことばを話せることが当たり前な人たちは、ことばのしくみやことばを使えない不自由さについて深く考えることはほとんどありません。しかし、ことばは私たちが自分の気持ちや考えを伝えるためには、なくてはならない大切な道具なのです。

　言語障害は、"目に見えない障害"です。どんなことに困っているのか、なかなか理解してもらえず、まわりの人に「どうして、そんな話し方なの?」「どうして黙っているの?」と不思議に思われて、傷ついている人が多くいます。

　そんな友だちの気持ちになって「言いたいことがあるのに、ことばが浮かんでこなかったり、相手が理解できるように発音できなかったりしたら、自分ならどうするだろう?」と考えてみてください。この本には、言語障害のある友だちの気持ちを理解するためのヒントがたくさん書かれています。この本を読んで、ことばの大切さを理解し、どうしたら障害のある人もそうでない人も幸せに生活できる社会になるのかを考えてもらえたらうれしいです。

監修／山中 ともえ（東京都調布市立飛田給小学校 校長）

※「障害」の表記については多様な考え方があり、「障害」のほかに「障がい」などとする場合があります。
　この本では、障害とはその人自身にあるものでなく、言葉の本来の意味での「生活するうえで直面する壁や制限」
　ととらえ、「障害」と表記しています。

もくじ

| インタビュー 言語障害と向き合う友だち | 4 |

1. どうやって話しているんだろう？ …… 6
2. 言語障害ってどんな障害？ …… 10
3. 言語障害のある友だちの気持ち …… 16
4. ことばの教室での取り組み …… 20
5. 学校外での生活 …… 22

コラム 言語聴覚士ってどんな人？ …… 24

6. サポートする人たち …… 26
7. 社会で働くために …… 27
8. 苦手をサポートする道具 …… 28
9. 話すときはこうしよう …… 30
10. 仲よくすごすために …… 32
11. 目に見えない障害 …… 34

かがやく人たち 小中高校生の吃音のつどい …… 35

支援する団体 …… 36

さくいん …… 37

インタビュー

言語障害と向き合う友だち

言語障害と聴覚障害のある西山光峰くんは、小学校1年生。
今は、ろう学校で学習していて、普段は手話で話をしています。
お笑い芸人のまねをするのが好きな明るい光峰くんに、話を聞きました。

Q.1 好きな授業はなんですか？

A 図工と国語が好きです。

ここでは、乗り物のイラストを見て名前を答えたり、いろいろなことをしている人のイラストを見て、何をしているところなのかを文章にする勉強などをしています。

姿勢を正し、きりりと答える光峰くん。

Q.2 きらいなことはなんですか？

A お兄ちゃんとけんかをするのがきらいです。

けんかをすると、いつも泣いてしまいます。でも、すぐに仲直りします。

Q.3 楽しかった学校の行事はありますか？

A 秋の遠足です。

すごく楽しかったことは覚えているけど、どこに行ったのかは忘れちゃいました。

手話と指文字を組み合わせて気持ちを伝える。

Q.4 普段使っている道具は?

A 人工内耳がだいじです。

お母さんのコメント
人工内耳という耳の働きをサポートする道具があるから、いろいろな音やみんなの声が聞こえます。

タブレットをタッチして、その日の課題を選ぶ。

Q.5 大人になったら何になりたいですか?

A 救急隊員です。

けがをしている人や病気の人を助ける人になりたいです。

手話は2歳のときに覚えた。

聞こえにくい音は、文字に書いて覚えて、正しい音を認識する。

※年齢は取材当時のものです。

part 1 どうやって話しているんだろう?

言語障害は、ことばを使って人とやりとりをすることがうまくいかない障害です。スムーズに話せなかったり、発音がちょっとちがったりするなど、ひとりひとり悩みがちがいます。

1 ことばって何?

何かを伝えたいとき、わたしたちはよくことばを使います。ことばは、人やものの名前を伝えたり、自分の気持ちをあらわしたりすることができます。

ことばは、人と会って話すときや、文字を書いたり本を読んだりするときにも使います。では、人間以外の生き物たちは、何かを伝えたいとき、そしてお互いにコミュニケーションを取りたいとき、どうしているのでしょうか。

イヌと人とのコミュニケーション

現在、日本では多くのイヌがペットとして飼われ、人間と一緒に生活しています。イヌたちは、飼い主の言うことをよく聞くので、人間のことばを理解しているように見えます。しかし、実際は人間の声の調子や音の種類を聞き分けて、どんな命令なのかを判断していると考えられています。

イルカのコミュニケーション

イルカは、海の中で生活する生き物です。わたしたちがお風呂の中でしゃべってもうまくことばが出ないのと同じで、イルカも海の中では鳴き声が使えません。海の中では、人間の耳には聞こえない超音波を使い、仲間同士で会話をしています。

ミツバチのコミュニケーション

鳴き声も超音波も使わないミツバチは、ダンスで仲間と会話していると考えられています。オーストリアの動物行動学者カール・フォン・フリッシュは、働きバチが蜜のある場所を仲間に知らせるとき、ダンスをしてコミュニケーションをとっていることに気づきました。

ホタルのコミュニケーション

ホタルは、世界中に約2,000種類いるとされています。日本にいるホタルは約50種類。そのうち、おしりが光るホタルは14種類です。光り方も種類によってちがいます。ホタルたちは、光の強さや点滅のはやさで自分と同じ種類かどうかを見わけ、同じ種類の相手にだけ求愛しているのです。

2 わたしたちとことば

　ことばを使って人と話すことで、わたしたちは自分の考えていることを相手に伝えることができます。これは、話す人のことばが、聞く人の脳の中にあることばで理解するしくみがあるためです。

　わたしたちがことばを覚えるたびに、ことばは脳の中に記憶され、どんどん蓄積されていきます。話す人はまず、脳の中にあることばで話したいことをまとめます。脳は、まとめたことばの発音ができるように、口や舌の筋肉に命令し、声を出して話します。そして、その声が聞く人の耳に届くと、耳のおくにある感覚神経から脳に伝わり、人の声だと脳が判断します。さらに、聞く人の脳の中に記憶されていることばで、話している人のことばを理解するのです。

3 ことばが伝わるしくみ

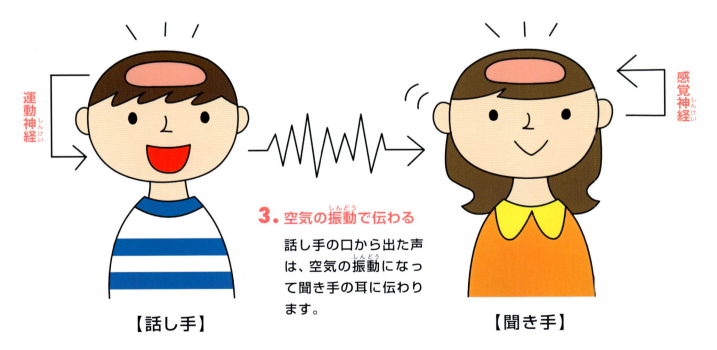

1. 話したい内容をまとめる
ことばを口から出すために、話し手はまず言いたいことを脳の中でまとめます。

2. 口から声を出す
話し手の脳は、まとめたことばが正しく発音されるように、運動神経を通して口や舌を動かす筋肉に命令を伝えます。

3. 空気の振動で伝わる
話し手の口から出た声は、空気の振動になって聞き手の耳に伝わります。

4. 耳で聞く
聞き手の耳に入った声は、感覚神経を通り、脳に伝わります。

5. 脳で認識される
聞き手の脳は、空気の振動を「意味を持つ声」として認識し、意味を理解します。

4 声が出るしくみ 発声と発音のしくみ

発声のしくみ

【声を出すときに使う器官】

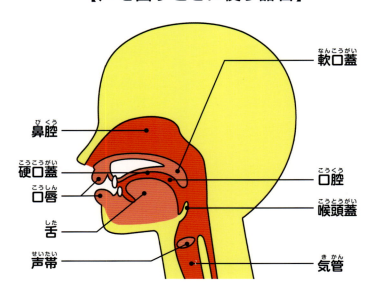

わたしたちが声を出すことを、発声といいます。のどのおくには、うすいまくの声帯が左右に2枚ついています。声は、のどのおくにある声帯を、肺から出る空気でふるわせることで出ています。声帯は、いつもは開いていますが、声を出したりものを飲みこんだりするときには閉じます。

構音器官
発音をするための大切な部分
●軟口蓋　●硬口蓋　●口唇　●舌

発音のしくみ

ことばを発音するためには、口と舌の動きが大切です。声帯をふるわせると、「ジー」や「ギー」という音が出ます。この音が、口や舌を動かすことで、「あ」「い」「う」のように、いろいろな音に変わります。唇や舌のように、発音をするための大切な部分を「構音器官」といいます。わたしたちは、声帯と構音器官を動かすことで、話をしています。

【息をすうとき】

空気は、口と鼻から気管を通って肺に入ります。このとき、声帯は自動的に開いて、空気は気管から肺へとスムーズに流れるようにします。

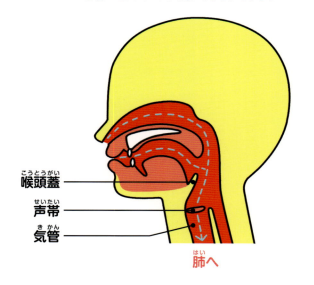

【ジュースを飲むとき】

ジュースは、口から入り、食道を通って胃に入ります。このとき、喉頭蓋が気管の入り口をふさいで、ジュースが気管に入るのをふせぎます。

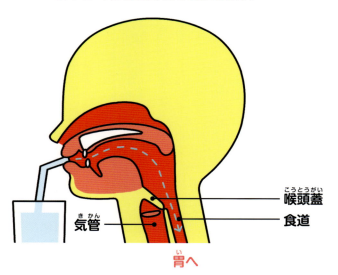

5 脳とことばの関係

ことばで話すことができるのは、脳の中にある大脳の働きのおかげです。とくに脳の左側にある左脳の言語中枢が、ことばを話すためにとても大切です。

例えば、交通事故などで脳の一部がきずつくと、ことばを話すことが難しくなったり、他の人が話したことばを理解することが難しくなることがあります。

また、わたしたちがことばを使って話すためには、いろいろなものの名前を知っていて、さらに、どんなときにそのことばを使うのかがわかっていないといけません。

前　後

大脳皮質
大脳の一部で、大脳の表面をおおっている層です。感覚からの情報を得て、考える働きをしています。

大脳
ものごとを記憶することや、考えること、ことばで話すことのほか、見る・聞くなどの感覚、運動などにかかわる働きをしています。また、喜び、悲しみ、怒りなどの感情は、ここで生まれます。

脳幹
間脳、中脳、小脳、橋、延髄で構成される部分です。わたしたちの生命にかかわる心臓や肺といった器官を動かすのは、脳幹の仕事です。

脊髄
脳の下から腰までのびる器官で、運動神経や感覚神経が集まっています。体を動かしたり、感覚を認識したりするための重要な神経が集中しています。

まとめ

- ことばを使って話すことで、自分の気持ちを人に伝えることができる。
- 口と舌の動きで、いろいろな発音ができる。
- 大脳の働きのおかげで、ことばを話すことができる。
- 話す人のことばが伝わるのは、聞く人の脳の中に、ことばがわかるしくみがあるから。

part 2

言語障害ってどんな障害?

言語障害には、ことばの発音や話し方にかかわる障害や、ことばの理解や表現にかかわる障害があります。それぞれ、どんなことに困っているのかを知りましょう。

1 構音障害のある友だち

ことばの発音がうまくできない障害のことを構音障害といいます。声が出しにくかったり、うまく発音できない音があったりします。

構音障害は4つにわけられます。唇、あごなどの構音器官の異常が原因のものは器質性構音障害、脳性麻痺などによる運動機能の障害が原因のものは運動障害性構音障害、聴覚障害による二次的なものは聴覚性構音障害、これらの原因が分かっているもの以外の構音障害は、機能性構音障害といいます。

例えば
- 「からす」のことを「たらす」と言う。
- 「おそら」のことを「おしょら」と言う。
- 「せんせい」のことを「てんてい」と言う。

考えてみよう　こんな かんちがい をしてないかな?

- ☐ 正しいことばを知らないのかな?
- ☐ わざとあんな発音にしているのかな?
- ☐ 赤ちゃんみたいな話し方にするのは甘えんぼうだからなのかな?
- ☐ まちがえていることに気づかないのかな?

こうしてみよう

発音がうまくできなくても、ことばがわからないわけではありません。発音がまちがっていると気づいていても、治し方がわからないこともあります。

発音のまちがいを気にするのではなく、話の内容をよく聞きましょう。

① どうやって調べるのかな

　構音障害の程度を調べるには、その人の発音や唇、あご、舌などの構音器官の動きをみる必要があります。
　検査には、いろいろな方法があり、発音のしかたを観察する検査や、音が聞こえているかを観察する検査、ものをかんだり息をすったりできるかを観察する検査などがあります。これらの検査で、発音の訓練、構音訓練が必要かどうかを見極め、このあとどうしていくのかといった具体的な道筋をたてていきます。

単音節構音検査
「あ」「か」「しゃ」などの文字を読んでもらい、発音がまちがっていないか、どの音をよくまちがえるかを検査します。

単語構音検査
ものの名前や動作などをしめす絵を見せて、その絵がしめす名前や動作などのことばを発声してもらい、発音の状況を検査します。

会話明瞭度検査
「明瞭度」とは、どれくらいはっきりしているかということです。この検査では、検査をする人が子どもと会話をして、全体的な話し方の特徴や発声の明瞭度をみます。

語音弁別検査
正しい音とまちがった音を聞いてもらい、その区別ができているかを検査をします。

発語器官の運動機能の状態の把握
かむ、すう、飲みこむなどの食事にかかわる運動ができるかどうか、舌や唇の動きがどうかを観察します。

② どんな指導を受けるのかな

　構音の指導をするためには、構音器官の細かい運動能力やことばの理解力にくわえて、ある程度の時間、集中を持続させる力が必要です。
　また、構音の指導は特別な指導だけでなく、うがいやソフトクリームを舌でなめるといった日常の動作でも、口の機能の発達を促すことができます。

構音器官の運動がうまくいかない
口や舌などをうまく動かせるように、「かむ、すう、のみこむ」の練習をします。

特定の音を聞きとる
さまざまに発声された音の中から、目的の音を聞きとる練習をします。

正しい音を聞き分ける
指導者が発声した正しい音とまちがった音を聞きわける練習をします。また、どうちがうのかも確認します。

単語の中の正しい音を聞き分ける
単語の中にあるひとつの音が正しく発声されているか、まちがっているかを聞きとる練習をします。

複数の音を記憶して発声する
いくつもの音を順番に聞いて、暗記したあとにそれを答えます。

2 吃音の友だち

ことばをなめらかに話すことが難しい状態のことを吃音（どもり）といいます。

吃音には、同じことばを繰り返す「連発（繰り返し）」や、音をのばしてしまう「伸発（引きのばし）」、最初のことばがうまく出てこない「難発（ブロック／阻止）」などの「吃音の中核症状」と呼ばれる状態があります。また、吃音症状が出たり出なかったりする状態を「吃音症状の波」と呼んでいます。

例えば
- 「ぼくね、ぼくね、ぼくね」と、繰り返す。
- 「ぼ、ぼ――――くね」と、のばす。
- 「………ぼくね」と、最初のことばがつまる。

考えてみよう こんなかんちがいをしてないかな?

- □ 音読の宿題をしてこなかったのかな?
- □ みんなの前だと緊張するのかな?
- □ 短い文章でも読むのがきらいなのかな?
- □ みんなで読むときはサボっているのかな?

こうしてみよう

同じことばを繰り返さないように何度も練習しても治らないことがあります。話し方に気をとられたり、話し方をしつこく注意したりせず、話の内容をよく聞きましょう。

知っておこう 吃音が始まる時期と原因

吃音のある人は、何歳ごろからどもり始めたのでしょうか? ある研究では、2歳から4歳の間に始まるのが最も多いと報告されています。

この2歳から4歳の間というのは、親にしかられるようになったり、兄弟ができたりして、子どもの生活環境が大きく変化し、心に負担や葛藤がうまれる時期です。

過去には、このようなしつけやストレスが吃音の原因だといわれたこともありましたが、現在はこの考え方は否定されています。いまだ原因は特定されていませんが、最近の研究で脳や遺伝子が関係している可能性がでてきました。吃音は、遺伝的なものも含め、体質や性格など、いろいろな要因が重なっておこるもののようです。

① どうやって調べるのかな

子どもの会話や音読している様子を観察したり、ある程度の量の文章を読んでもらい、どのくらいどもるのかを調べたりします。

また、本人や保護者が吃音についてどう思っているのか、どう悩んでいるのかを面談で聞きます。

② どんな指導を受けるのかな

吃音に対して、楽な声の出し方や話し方などの言語指導といった直接的な支援のほかに、吃音についての正しい知識や受けとめ方を広めたり、周囲の環境を整えたりする間接的な支援があります。

直接的な支援では、話すはやさの調整、力を入れない発声方法、どもったときやどもりそうになったときの声の出し方の切り替え方法を学びます。間接的な支援では、吃音に理解のある環境をつくり、吃音のある本人が吃音について前向きな気持ちを持てるように支援しています。

自由な雰囲気で「楽に話す」ことをすすめる

ことばの話しやすさは、本人の気持ちやまわりの人の接し方によって変わるので、楽な気持ちで話すことが大切です。話しやすい人となら、吃音のある友だちも気にせず話すことができ、「楽に話せたな」といううれしい思い出が残ります。

楽に話せることを体験する

吃音に悩む友だちは、「ことばが出なくなったらどうしよう」と、いつも不安に思っています。みんなと一緒に音読をすると、「自分もつっかえずに読めた」という自信がつきます。

難発から抜け出す方法を教える

難発の吃音とは、言いたいことばが頭の中に浮かんでいるのに、うまくことばが出てこない症状のことをいいます。急に声が出なくなったり、話せなくなったりした経験を持つ子は、そんなときにどうしたらいいのか悩んでいます。不安を解消するために、解決方法を覚えて、トレーニングをします。

苦手な場面や音に対する緊張をなくす

過去にまちがった発音をして、ある特定の音や単語が苦手になっている子もいます。先生や友だちと一緒に発声・発音の練習をして、苦手意識を減らしていきます。

日常生活でのコミュニケーションを育てる

「吃音は悪いことではない」ということをまわりの人に知ってもらい、話し方ではなく話す内容に耳を傾けてもらいます。

自信が持てるように支援する

自分自身や吃音についてまわりの人と話し合い、それぞれの特技を見つめて新しい自分を発見します。

まわりの態度を改善する

吃音の程度は、話を聞く側の意識や態度で大きく変わります。みんなが正しい知識を身につけて応援しましょう。

3 言語発達のおくれやかたよりがある友だち

脳や体のどこかに障害があると、ことばの発達がおくれることがあります。自分の思いをうまく伝えられないことや、ことばのやりとりがうまくできないことがあるので、質問されてもそっけない答えになったり、自分の考えを文章にまとめられなかったりします。

例えば
- 友だちに自分の気持ちがうまく伝えられない。
- 作文が書けない。
- そっけない会話になる。

考えてみよう　こんな かんちがい をしてないかな？

- ☐ 言ったことをわかってくれていないのかな？
- ☐ 場の雰囲気がわからないのかな？
- ☐ 冷たい性格なのかな？
- ☐ らんぼうな人なのかな？

こうしてみよう

ことばの発達がおくれていても、人に伝えたい気持ちは同じです。言語障害のある友だちが何を伝えたいのかを考えながら、話を聞きましょう。

知っておこう　LD（学習障害）って何？

言語障害のほかにも、自分の気持ちをことばで表すことが難しい障害があります。そのひとつがLDです。

LDは、脳に何らかの原因があるといわれています。物事を理解する力にかたよりがあるため、目で見たものや耳で聞いたものが正しく脳に伝わりにくいのです。だから、教科書をまちがえて読んだり、文章を順序立てて話せなかったりします。少し時間がかかりますが、苦手なことも工夫すればできるようになるので、できるようになるまで友だちとして一緒に待ってあげましょう。

LDのある友だちが苦手なことの例

- 話すこと　自分の気持ちをことばで表すのが苦手。
- 読むこと　文字は見えているのに、何が書いてあるのかわからない。
- 書くこと　話したり読んだりできても文字で書けない。
- 聞くこと　ことばは聞こえているけど、意味がわからない。
- 計算すること　計算ができない。単位の意味がわからない。

4 聴覚障害のある友だち

聴覚に障害があると、人の声やいろいろな音が聞こえにくい状態になります。補聴器をつけていても、すべての音が聞こえるわけではありません。教室などで人の声が聞こえないようなとき、聴覚障害のある友だちの場合は、相手の口の動きを読んだり、まわりの行動を見たりしてやりとりすることがあります。

例えば
- 相手の口の動きだけでは、読みとれないことばがある。
- 補聴器をつけていても、まわりがうるさいと、相手の声が聞こえないことがある。
- 補聴器をつけていても、後ろから話しかけられるとわからない。

考えてみよう　こんなかんちがいをしてないかな？
- □ わざと無視したのかな？
- □ わたしの話に興味がないのかな？
- □ 補聴器をつけているから聞こえるって言っていたのは、うそなのかな？

こうしてみよう

聴覚障害のある友だちと話すときには、相手の目の前に立って話しましょう。1つ1つの音を切って話すと、かえって唇の動きが読みにくくなるので、ゆっくり落ちついて話すとよいでしょう。

知っておこう　補聴器について

補聴器は、音を大きくする機械です。私たちが何気なく聞きながしている音も、補聴器をつけた友だちにとっては、相手の声を聞きとるときのじゃまな音になってしまうことがあります。

例えば、ものをたたく音や紙をやぶる音、ゆかにものが落ちてこわれる音などの大きな音がとつぜん聞こえると、補聴器をつけている友だちは「うるさい音」と感じてしまいます。

part 3 言語障害のある友だちの気持ち

言語障害のある友だちが授業中や休み時間、どんなことに困っているのかを知っておけば、いざというときにお手伝いできるかもしれません。いろいろな場面での友だちの気持ちを考えてみましょう。

1 よく言いまちがいをしているよ
ことばを正しく声に出すのが苦手な子

みんなが話していることばを聞いて、そのまま音をまねして言っているつもりなのに、ちょっとちがうことばになっちゃうの。

「みかん」が「み」「か」「ん」の3つの音でできていると理解していても、「みあん」と発音してしまい、正しい音を声に出せない子もいます。

考えてみよう　どうして 読んだり話したり するのが苦手なのかな？

　赤ちゃんがことばを話すようになるには、いくつかのステップがあります。生まれたばかりの赤ちゃんは、泣いてコミュニケーションをとります。やがて、「あー」や「うー」などの声が出るようになり、それがだんだん「あう」や「ばぶ」などの喃語になっていくのです。1歳半から2歳ごろになると、二語文という「わんわん、いる」「まんま、ちょーだい」のような簡単な文が話せるようになります。
　言語障害のある友だちは、よく幼稚園や保育所の年長ごろになっても、二語文のままだったり、ある特定のことばをいつもまちがえて発音していたりするので、そのころに親や先生などのまわりの大人が「あれ？ ほかの子とちがうかも」と気づき始めます。
　授業中に音読ができなかったり、みんなの前で発表できなかったりするので、「勉強がきらいなのかな」と思われがちですが、それはちがいます。ことばの発達のはやさがみんなとちがったり、発達する部分にかたよりがあったりするので、読むことや、話すことが苦手なだけなのです。

② ことばの始めで、つっかえちゃうみたい
ことばをなめらかに出すのが苦手な子

普通に話したいのに、話そうとすると、いつも始めに出そうとすることばが、つっかえるんだ。

「ぼ、ぼ、ぼ、ぼくはね」と、ことばがつっかえるときもあれば、「ぼ——くはね」と、音をのばしてしまうときもあります。また、「……ぼくはね」と、始めのことばが出にくいときもあります。

③ 同じことばを繰り返すんだ
ゆっくり話すのが苦手な子

みんなの前ではゆっくり話そうと思っていても、どうしても早口になるんだ。授業中に手をあげたり、みんなの前で発表したりするの、苦手だなあ。

ゆっくり話すのが苦手な子は、早口で話し、同じことばを繰り返してしまうこともあります。早口で話してしまうことを、早口言語症やクラッタリングといいます。

4 ことばの使い方がみんなとちがうよ
正しい文法で話すのが苦手な子

ことばの教室に通い始めるようになってから、いろいろなことばを話せるようになってきたんだよ。でも、まだまちがえることがあるんだ。

正しい文法で話すのが苦手な子は、どんなときにどんなことばを使ったらいいのか、わからなくなるようです。

5 言われていることがわからないのかな？
ことばとイメージを結びつけるのが苦手な子

「おんがくしつ」という音は聞こえているんだけど、それが何なのか、ぱっと思いつかないときがあるよ。

相手が話している単語の音は聞こえていても、頭の中で音とそれが意味するもののイメージが結びつきにくいときもあります。

6 ことばより先に手が出てしまうみたい
文章を組み立てるのが苦手な子

先生より
ことばのやりとりがうまくできない障害があると、うまく言い返せずに手が出てしまうことがあります。うまく言えなくても、ことばで伝えるように話してみましょう。一方的にせめるのではなく、どうしてたたいたのか理由を聞いて話し合うと、本当の気持ちが聞けるかもしれません。

いやなことがあっても、話し合いで仲直りしなさいって先生は言うけど、なんて言ったらいいかわからないから、つい友だちをたたいてしまうんだ。あとで、悪かったなあと反省するよ。

話し合いをしたくても文章が組み立てられないので、つい手が出てしまう子がいます。

7 ことばが出てこない
単語を言うのが苦手な子

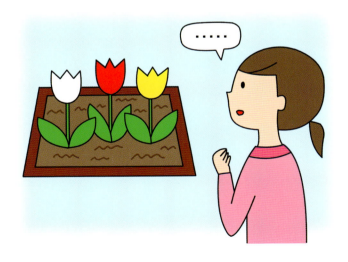

先生より
話の途中で急に黙ってしまったり、じっと何かを見つめたまま動きが止まってしまったりする友だちと話すときは、「なんで何も言わないのかな、変だな」と思わずに、「今、頭の中で考えているんだな」と思いましょう。また、ものの名前を聞かれたときは、教えてあげましょう。

2文字のことばだったことは思い出せるけど、「は」「な」だったかどうか自信がなくて、ずっと黙っちゃうの。

単語を言うのが苦手な子は、ものの名前が思い出せず、話の途中で黙ってしまうことがあります。

part 4

ことばの教室での取り組み

学校の中に、言語障害のある友だちが通う教室が設けられていることがあります。そこでは、どんな授業が行われているのか、のぞいてみましょう。

1 ことばの教室ってどんなところ?

「ことばの教室」は、ことばが正しく発音できなかったり、ことばのやりとりがうまくできなかったりする友だちが、ことばの使い方や発音について勉強する教室です。「きこえとことばの教室」とか「ことばときこえの教室」などと呼ばれることもあります。言語障害のある友だちは、普段は障害のない子どもたちと同じ勉強をしながら、週に1～2回、ことばの教室に通っています。

個人指導が受けられる小さい教室がたくさんある。

2 どんなことをしているの?

ことばの教室の先生は、友だちが悩んでいる発音や話し方について、どんな授業をすればもっと上手になるのか、ひとりひとりの悩みに合わせながら考えています。例えば、正しく発音できない友だちは、鏡を見て自分の口の動きを確認しながら発音したり、息のすい方やはき出し方の練習をしたりします。ときどき、先生と一緒に運動をすることもあります。

平均台とマットのコースで障害物レースをしたり、バランスボールやダーツなどを使って体を動かしたりする。

取材しました 世田谷区立烏山北小学校「きこえとことばの教室」

舌や唇の動かし方を練習する教室や、先生と一緒に調理ができる教室、体を動かせるプレイルームもあります。

トランポリンでジャンプをしながら先生とハイタッチ。体全体のバランスをとる練習。

3 どんな授業をしているのかな？

ことばの教室では、子ども1人と先生1人で授業をしています。1回の授業は、45分から90分。正しい発音をするために、口の開け方や舌の動かし方、息のはき出し方について、先生と一緒に練習します。詩や文章を読んだり、日記や作文を書いたりすることもあります。

アイスの棒のような木の板を舌にあて、鏡を見ながら、先生のお手本通りに舌が動いているか確認する。

4 ひとりひとりに合わせた授業内容

例えば、舌をうまく使えていない友だちの場合は、舌やほほ、あごを動かす体操をしたり、チョコレートのついたおかしをなめたりすることで、舌の動かし方を練習します。苦手なことが少しでも楽しいと思えるように、ゲームのような感覚で息をはき出す練習をしたり、あめやチョコレートのようなおかしを使ったりするなどの工夫をしています。

細長いビニールぶくろをふくらませ続けるためには、息を長くはき続ける力が必要。

5 こんなものを使って、練習しているよ

息をふく

ストローを使ってビニールのふうせんをふくらませることで、息のはき出し方や、口の動かし方を練習しています。

ことばのブロック

先生がある音を指定し、その音で始まる絵を絵合わせして見つけることで、ことばを構成している音を認識します。

リズムとウッドブロック

スムーズにことばが発音できるように、先生がたたくウッドブロックのリズムに合わせながら、いろいろな詩を読みます。

part 5 学校外での生活

言語障害のある友だちを支える学びの場は、学校だけではありません。地域にも、専門の先生と一緒にコミュニケーションについて学べる場があります。

1 障害のある友だちが勉強する「もうひとつの学校」

田中美郷教育研究所ノーサイド教育センターは民間の療育機関で、難聴のある子どもをはじめ、言語障害やLD（学習障害）など、コミュニケーションが難しい子どもをサポートする塾のような場所です。

ここでは、ひとりひとりの持つ力に合わせた授業をしています。必要としているサポートの内容もひとりひとりちがうので、通う回数もちがい、月に1回だけ通う人もいれば、週に何回も通う人もいます。

教育センターには、言語聴覚士の先生がいて、コミュニケーションの検査をしたり、幼稚園や学校を訪問して子どもたちの様子を見たりして、それぞれの子どもに合った勉強のプログラムを作ります。聞こえにくい子どもには、聴力検査をしたり、補聴器を選んで聞こえるように合わせたり、人工内耳の手術の予定を組んだりすることもあります。子どもたちが元気に明るく成長していくためのいろいろな支援をしています。

レッスンを受ける様子をお母さんが横から見守る。

2 どんな子がいるの？

0歳の赤ちゃんから高校生まで、たくさんの子どもがお父さん、お母さんと一緒にやってきます。どの子どもたちも、コミュニケーション能力を上げるために前向きです。

ノーサイド教育センターは、普段通っている学校とはちがうけれど、一緒に勉強したり遊んだりしていくうちに、みんな友だちになっていきます。自分と同じ悩みを持つ友だちは、これから成長していく中で、かけがえのない存在になるのです。

取材しました 田中美郷教育研究所ノーサイド教育センター

田中美郷教育研究所ノーサイド教育センターは、東京都世田谷区の静かな住宅街にあります。あたたかい雰囲気のかわいい一軒家で、インターフォンを鳴らすと子どもたちがむかえに出てくれました。

部屋の中には図鑑、絵本、ドリルがぎっしり並べられています。写真や絵が多くのっている図鑑は、子どものことばの数を増やし、知識を育てるための大切な教材です。「もっと知りたい」という気持ちが、ことばの発達を促します。

小さなかんばんに「NOSIDE」の文字が。

3 どんなことをしているの?

　ノーサイド教育センターでは、ひとりひとりの子どもに合わせて、マンツーマンの個人レッスンをしています。また、お父さんやお母さんたちに向けた医師の話を聞いて、難聴や言語障害がある子どもの育児について学ぶ授業も設けています。

　レッスン内容は、語いを増やす指導、コミュニケーション力を高める指導、文法の指導、文字指導、作文指導、文章読解の指導、考え方の指導、発音の指導などです。先生たちは、子どもや親と力を合わせながら、子どもが生活していく中で必要なコミュニケーションの技術を教え、不安をなくすサポートをしています。

　同じ課題を持つ子どもたちを集めて、4人ほどの少人数でグループレッスンをすることもあります。そこでは、学校の国語のように物語を音読したり、文章問題を解いたりする授業などをします。

グループレッスンでは、言語聴覚士の先生と読解や発音の勉強をする。積極的に手をあげて、思ったことを発表している。

4 どんな先生がいるの?

　ノーサイド教育センターでは言語聴覚士（ST）や、作業療法士（OT）、理学療法士（PT）、臨床心理士、ビジョンセラピストなど、いろいろな分野のプロフェッショナルが、授業をしたり話を聞いたりして、子どもの成長を促し、見守ります。

　また、子どもの成長に必要な場合は、別の専門分野の先生を呼ぶこともあります。

知っておこう　言語障害を支える仕事

言語聴覚士（ST）
ことばの障害、きこえの障害、声や発音の障害、食べる機能の障害がある人を助ける仕事です。赤ちゃんからお年寄りまで幅広い年齢の人々が支援の対象です。

作業療法士（OT）
箸やはさみ、鉛筆などがうまく使えない、姿勢がよくない、机の中を整理できないなど、手指の動きや筋肉の発達に課題がある子どもを支援する仕事です。また、手指だけでなく、体全体の動きのレッスンもします。

理学療法士（PT）
聴覚の障害があると、歩き始めがおくれたり、バランスを取るのが難しくてふらふらしたりします。座っていても姿勢を正しく保つのが難しいこともあります。このような子どもたちの体の発達をみながら、支援していく職業です。

臨床心理士
大人から子どもまで、あらゆる年齢の人の心の問題を支援します。面接や心理テストなどを使って、不登校や引きこもり、発達障害の悩みをかかえる人の社会適応の問題など、一生涯にわたって支援をするのが特徴です。

ビジョンセラピスト
発達にかたよりがある子どもを対象に、勉強や運動をするうえで基礎になる眼球運動や視覚の情報処理を高める訓練をしています。両目をすばやくなめらかに動かしたり、遠くから近くに焦点を切り替えたりするトレーニングを行います。

コラム

言語聴覚士ってどんな人?

リハビリテーションを支える職業には、理学療法士(PT)、作業療法士(OT)、言語聴覚士(ST)などがあります。ここでは、言語障害のある人たちを支える「言語聴覚士」についてみていきましょう。

1 言語聴覚士とは

病気が原因だったり、生まれつきだったり、年をとったりすることで、ことばの話し方や聞こえ方、また食べものを飲みこむことに悩みを持っている人たちがいます。こうした人たちが、自分らしく生活できるように訓練を考えたり、アドバイスをしたりするのが、言語聴覚士です。

2 どこで働いているの?

言語聴覚士は、大学病院やリハビリテーションセンターのような医療施設、障害のある人たちが通っている福祉施設、高齢者のデイケアセンターのような保健施設で働いています。そのほか、通常の小中学校や特別支援学校のような教育機関、補聴器や人工内耳をつくる会社などでも働いています。

3 どんなことをしているの?

うまく話すことができない人に対して、いろいろな検査をして原因をさぐったり、うまく話せるように一緒に訓練をしたりする仕事をしています。うまく話すことができない原因は、難聴や失語症などいろいろです。言語聴覚士は、難聴の赤ちゃんから失語症の高齢者まで幅広い年代の患者と一緒にことばを覚える訓練をしたり、舌を動かす訓練をしたりします。

また、医師や歯科医師から指示があれば、摂食嚥下運動という食べものや飲みものを飲みこむ運動の訓練などもしています。訓練には、医師や歯科医師だけでなく、看護師、介護士、理学療法士、作業療法士、管理栄養士の協力が必要不可欠です。それぞれの分野のプロが力を合わせて患者の回復を支えます。

4 言語聴覚士になるためには

言語聴覚士の資格を取るには、専門の勉強をして国家試験に合格し、厚生労働大臣の免許を受けなければいけません。言語聴覚士国家試験は毎年1回あります。試験は、選択問題の筆記試験です。受験する人たちは、午前と午後に問題を解きます。全体の合格率は60%といわれています。

5 言語聴覚士になるまで

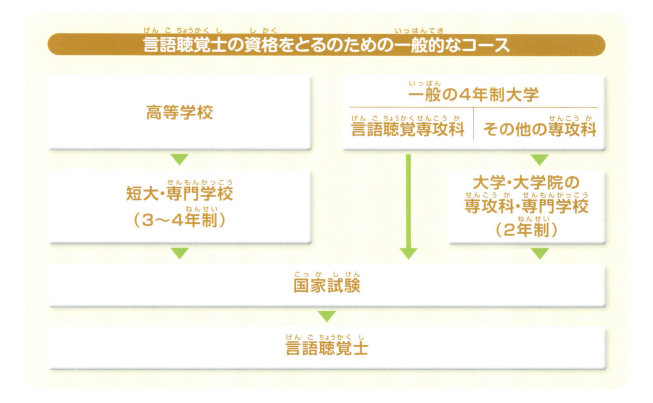

インタビュー どうして言語聴覚士になったの？

言語聴覚士 永井 郁さん

　大学で心理学を勉強しているときに、脳とことばについて興味を持ちました。4年制の大学を卒業したあと、さらに2年間、専門学校に通いました。専門学校では、子どもから大人までさまざまな患者をみる力をつけるため、実際に療育センターや学校、病院などに研修に行きました。そこで、先輩の言語聴覚士が患者に寄りそって丁寧に訓練する姿を見て、「自分もこんなふうに患者に必要とされる言語聴覚士になりたい」と思うようになりました。

　たくさん勉強して資格を取り、まずは療育センターで働きました。そこで0歳から小学生までの言語障害のある子どもを支えるうちに、「言語障害のある大人も支えられるようになりたい」と思うようになりました。今は、病院に入院している失語症や摂食嚥下障害の患者に、ことばのリハビリテーション（訓練）をしています。

永井さんからのメッセージ

　言語障害で困っていることはひとりひとりちがうため、病院では入院している患者の病状に合わせながら訓練をしています。特に言語障害は、目に見えない障害です。身近に言語障害のある人がいないと、どんな障害なのかわかりにくい部分があるかもしれません。障害がある人だからといって、障害ばかりに目をむけるのではなく、その人自身と接するよう心がけています。

　また、病院の訓練では、家族がそばにいると言語障害が早く回復することもあり、家族の応援も大切です。言語障害のある人のいいところに、みんなが気づけるようになるといいですね。

part 6 サポートする人たち

学校や地域には、言語障害のある友だちをサポートする専門家たちがいます。それぞれどんなサポートをしているのか見てみましょう。

通級指導教室に通う友だち

　小学校から中学校に通う障害のある子どもが学ぶ場は、いくつかあります。障害のない子どもたちと一緒に、通常の学級で学ぶ場合や、通常の学級で学びながら、週に1〜2回ほど言語障害などのある子どものために授業をする「通級指導教室」に通う場合、障害のある子どもだけの少人数教室である「特別支援学級」で学ぶ場合などです。

　ことばの教室は、通級指導教室にわけられます。ことばの教室で勉強する期間は、ひとりひとりちがいます。小学校に入学してすぐ通い始める子もいれば、小学校の途中から通い始める子もいます。他に地域の言語聴覚士のもとで、話し方の練習をする子もいます。

　また、中学校卒業後は、通常の高校に進学せず、「特別支援学校」に進学する子もいれば、障害のない子と同じように通常の高校、大学へと進学する子もいます。学校や地域でサポートを受けて成長し、それぞれが障害の程度に合わせて、さまざまな進路を歩みます。

言語障害のある子どもをサポートする人たち

【学校】

通常の学級
補助教材や、授業の工夫などで、言語障害のある子どもが理解しやすい指導をします。

担任の先生

特別支援学級や通級指導教室
学習の指導、サポートをし、ことばに関することを個別に教えます。

特別支援学級や通級指導教室の先生

【地域】

小児科医、児童精神科医、小児神経科医など、言語障害に詳しい人です。

医師

サポートが必要な子どものために、生活環境を整え、生活指導をします。

支援員

ことばによるコミュニケーションの問題と向きあい、指導しています。

言語聴覚士

part 7

社会で働くために

社会に出ると、学校にいるときにはなかったルールがあります。障害のある人にもない人にも必要なことを理解して、お互いに支え合いましょう。

障害のある子もない子も、今からできること

健康な体をつくる

毎日、決まった時間に起きて働き、必要な仕事をするには、健康な体づくりが大切です。よく食べ、よく寝て、よく遊び、じょうぶな体をつくりましょう。

約束を守る

働くようになったら、与えられた量を決められた期日で終わらせないといけません。普段から約束した期日を守る努力をしましょう。

工夫する

初めはだれでも、言われたことをこなすことでせいいっぱいです。効率よくできるように工夫する習慣をつけると、働くときに役立ちます。

人間関係を大切にする

仕事は、いろいろな人との共同作業です。だから、見えないところでも必ず誰かが支え、協力してくれています。人とのつながりを大切にしましょう。

part 8

苦手をサポートする道具

ここでは、言語障害のある人たちのコミュニケーションを助ける道具を紹介します。パソコン、タブレット端末、スマートフォンで使えるアプリもあります。

1 言語障害のある友だちが使っている道具

会話支援シート

自分の思っていることをことばで話すことが難しいとき、シートにある絵や文字を指でさすことで、人とやりとりすることができます。

- パソコンやスマートフォンを使って、無料でダウンロードができる
- 別の紙にはったり、絵をかいたりすると、自分だけの支援シートが作れる

会話支援のためのリソース手帳

言語障害のある人が会話をするときに、絵や文字を指でさして会話のきっかけにし、自分の意思を伝えるための手帳です。

- 食べ物や時計などたくさんのイラストがあるので会話のきっかけが作れる
- 小さいものは自分の手帳にはさみこむことができる

緊急支援お願いカード

災害のとき、まわりにいる人にお願いするために使うカードです。障害の特徴も書いてあります。

- 東日本大震災がきっかけでうまれた道具である
- コンパクトサイズでさいふに入る

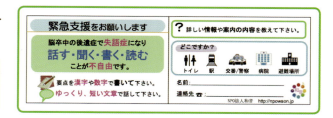

フィンガーボード

文字の下にあいた穴に指先を入れることで、自分の思っていることを伝える道具です。1文字ずつ指でさして、ことばを作ります。

・軽いのでずっと持っていても疲れない
・水ぬれに強い素材で作られている

おしゃべりペン

ペンの先でボードをタッチすると、絵や文字の情報を読みとって音声が流れます。会話をするのが難しい人が気持ちを伝えるために使います。

・「頭」「痛い」や「背中」「かゆい」など、「おしゃべりボード」に書かれた体の部位と状態を組み合わせると、言いたいことが細かく伝えられる

2 タブレット端末やスマートフォンを使ったアプリ

トーキングエイド

iPadで使えるアプリです。ひらがな、英数字、絵文字などにタッチして作った文章を読みあげたり、メールで送信したりできます。絵や写真でメッセージを作れるバージョンもあります。

DropTalk

スマートフォンやタブレット端末の画面に出た絵をタップすると音声で読みあげます。いくつかの絵を組み合わせて指定すると、文章のように読みあげることもできます。

・自分で新しく単語を登録できる
・YouTubeに使い方を解説した動画がある

29

part 9 話すときはこうしよう

言語障害のある友だちと話すときには、相手が話しやすい雰囲気をつくることが大切です。仲よくできるように、障害の特徴を理解しましょう。

1 こんな態度をとっていないかな?

 何度聞いても聞きとれないから、もういいよって言ったんだ　✗

工夫すれば、話の内容が理解できるよ

友だちの話がわからないときは、友だちにもう一度話の内容を聞きましょう。それでもわからないときはイラストや文字を使うと、お互いに話の内容を目で見て確認することができます。

 助けてあげようと思って、代わりにぼくが話したんだ　✗

友だち自身が落ちついて話せるようにしよう

時間を気にしてあせって話そうとすると、うまく話せないことがあります。友だちが最後まで落ちついて話すことができるように、時間を長くとったり、静かな場所を選んだりするようにしましょう。

 変な話し方が気になっちゃうの

話し方より話している内容を聞こう

うまく発音できないことや、つっかえたりする話し方ばかり気にしていると、友だちの話している内容がわからなくなります。あなたに、どんなことを伝えたいのか。話している内容を確認(かくにん)しながら、話を聞きましょう。

 発音が変だから言いなおさせたよ

まちがった話し方を注意しないで

何度も言いなおしをさせられたり、まちがっている発音をいちいち注意されたりしていると、友だちも話すことがいやになってきます。ことばの教室で、発音の練習をしている友だちもいます。無理に言いなおしをさせることは、やめましょう。

 なかなか話し出さないから、つい怒(おこ)っちゃった

友だちが話し出すまで待とう

言語障害(げんごしょうがい)のある友だちの中には、自分の気持ちをことばや文章にするまでに時間がかかる人もいます。あせらせたり、せかしたりしないで、自分のことばで話すまで、じっくり待ちましょう。

31

part 10 仲よくすごすために

言語障害のある友だちと楽しくやりとりをするためには、どんなことをすればよいでしょうか？
友だちのことをよく知って、できることを考えてみましょう。

1 こんなことから始めよう

人々がお互いに生きるための考えの1つに、「共生社会」という考え方があります。社会や福祉環境を整備することにより、障害のある人や高齢者が積極的に参加して、まわりの人たちとお互いに認めあって生きられる社会を作っていくことです。

その社会の実現のために、小学生や中学生の今から始められることを考えてみましょう。例えば、障害の特徴を理解することや、障害を個性のひとつだと認めることです。そして、お互いに協力し、助け合い、信頼できる人間関係をつくることなど、さまざまなことがあります。障害のある人も平等に一般の社会で生活を送ることができるように、今からできることを始めましょう。

友だちが話しやすい状況にする

話しやすい状況を作るには？
気をつかわなくても話せる関係を作ることが大切です。まわりの反応を気にせずに、誰もが言いたいことを言える状況を作りましょう。

- ポイントをしぼって、短いことばで話す
- 絵や写真を使って、話す内容を確かめる
- わからないときは、「○○ですか?」と確かめる

友だちの気持ちを理解する

どんな特徴があるのかを理解しよう！
障害の特徴を理解すると、友だちとつき合うときの手助けになります。理解が深まれば、お互いによい関係を保ち、仲よくすごす方法がわかるようになります。相手の考えを聞くだけでも、できることはたくさん見えてきます。

- どんなことを言われたらいやな気持ちになるのかを聞いて、確認しておく
- 言語障害の特徴について、みんなで理解する
- のびのびとすごせるように、気をつかいすぎない

友だちを思いやる

口に出してほめよう!
何かを達成したときに、人から「がんばったね」とほめてもらえれば、うれしい気持ちになります。だから、友だちのいいところは、口に出してほめましょう。ほめあったり、はげましあったりすれば、お互いがもっと身近に感じられるようになります。

- 最後まで、ゆっくりと友だちの話を聞く
- 言いなおしたり、からかったりしない
- 「かわりに話すよ」と言って、でしゃばらない

想像してみよう!
友だちが話しているとき、「今、どんなことを考えて話しているのかな?」と想像してみましょう。ああ言われたらいやだなとか、こう手助けしてくれたらうれしいなというように、相手の気持ちがわかるようになるかもしれません。

- 友だちが自信の持っていることはみんなで認めあう
- 友だちが苦手なことはみんなで支える
- ことばの教室で勉強していることを、みんなで応援する

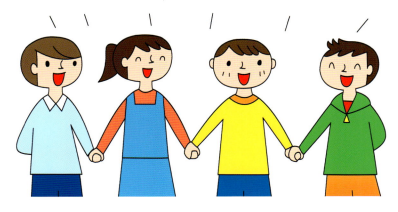

ここが知りたい　がんばれば、できるようになる?

どんな人にも得意、不得意があります。言語障害のある友だちは、それが話すことだというだけです。

できないことをがんばりすぎると疲れてしまい、その子にあるほかのよいところがのばせなくなってしまいます。どうしてもできないことは、そのまま受けいれ、よいところを見つけるようにしましょう。よいところもうまくいかないところも、両方とも認められるのが、本当の友だちなのですから。

part 11 目に見えない障害

言語障害は、外からわかりにくい障害です。そのため、障害のある人がそれぞれ苦手としていることや困っていることがまわりに理解されづらい傾向にあります。

1 外からわかりにくい障害

車いすの子やつえをついて歩いている人は、その姿を見れば、どんな障害があるのかがすぐにわかります。しかし、言語障害などの障害は、口の中の器官や脳の働きなどの障害なので、見た目だけではわかりません。日常生活の大部分が障害のない人と変わらないので、どんなことに困っているのかがわかりにくいのです。

ただ、普通にすごしているように見えても、言語障害ならではの"苦手さ"はあるので、その子なりにがんばって生活しているのです。友だちのがんばりをまわりが気づいて理解していなければ、その子の心に苦しさがつのっていき、学校に行きたくなくなってしまう可能性もあるのです。

2 気持ちよくつき合うために、お互いにできること

言語障害のある友だちも、同じ社会で暮らしている仲間です。障害のある人もない人も、お互いにその特徴を認め合って支えあいながら、みんなで暮らしやすい社会にすることが大切です。

授業中や放課後 こんな工夫をしてみたよ

授業編
理科の授業は、グループ実験とその結果発表。実験をすすめる係、記録する係、発表する係などがありましたが、言語障害のある友だちの苦手なことを考えて、自分の力が発揮できる役割に分かれて進めました。

放課後編
放課後はみんなでボール遊び。地面に落とさずに何回ボールをパスできるかの記録に挑戦しました。言語障害のある友だちが「みんなと一緒なら声に出して数えられるよ」と言ってくれたので、全員で声を出して盛り上げました。

かがやく人たち
小中高校生の吃音のつどい

吃音のある人たちの中には、普段悩んでいることをほかの人に相談することができない人もいます。こうした人たちを、同じ悩みを持つ人同士で支える団体を紹介します。

1 どんなグループなんだろう？

「小中高校生の吃音のつどい」は、吃音について悩んでいる小学生、中学生、高校生、そして吃音の子どもをもつお父さんとお母さんを支えているグループです。吃音のある人たちが集まり、お互いに吃音についての悩みを相談したり、解決方法についていろいろな意見を出し合ったりしています。

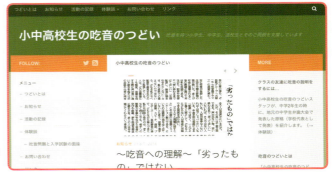

ホームページには、活動報告や今後の活動のお知らせ、吃音を克服した大人からのメッセージなどが載っている。
【ホームページ】http://tsudoi.irdr.biz/

2 どんなことをしているの？

料理を作ったり、絵をかいたり、キャンプや演劇レッスンといったイベントをみんなで楽しんだりします。そのあと、年代ごとのグループに分かれて、吃音についていろいろな意見を言います。人にはなかなか言えない悩みも、同じ吃音のある友だちの前では、打ち明けることができます。

それぞれが、得意な楽器を演奏する「Let's enjoy music！」のイベントで。吃音のある友だちやスタッフが、ピアノ、ヴァイオリン、トランペット、ギターなどを披露した。

知っておこう　ピアカウンセリングとは？

障害のある人にしかわからない悩みや不安を、同じ障害のある人たち同士で話し合う活動のことを、「ピアカウンセリング」といいます。ピア(peer)には、「仲間、同じ立場」という意味があります。専門家には言いにくいことでも、同じ障害のある人に悩みを話すことで、悩みをかかえているのは自分だけではないことがわかり、気持ちが楽になります。

また、障害のある子どものいる親たちが集まってできた「親の会」などでは、障害のある子どもについて、おなじ立場の親たちと話し合うことができます。

支援する団体

言語障害のある人を支える団体は、全国にあります。言語障害のある人が困っているときや障害について調べたいとき、いろいろなことを教えてくれます。

① 一般社団法人 日本言語聴覚士協会

ことばによるコミュニケーションに問題のある人たちを支えるために、学術集会や研修会を開いたり、関係する団体との交流をしたりして、言語聴覚士の能力の向上やサービスを広める活動をしています。

【参加方法】ホームページの「入会のご案内」を参照。
https://www.jaslht.or.jp/

② 日本コミュニケーション障害学会

人とのやりとりが難しい障害のある人たちが、どうやったら人とうまくコミュニケーションがとれるようになるのか、いろいろな分野の専門家が研究を発表したり、講演会をしたりしています。

【活動の紹介】ホームページを参照。
http://www.jacd-web.org/

③ NPO法人 言語障害者の社会参加を支援するパートナーの会 和音

失語症のある人との会話技術を身につけ、援助する「失語症会話パートナー」を養成しています。また、失語症のある人の家族や医療・介護の現場で働く人向けにセミナーをしたり、グッズの開発などをしたりしています。

【参加方法】ホームページの「会員募集中」を参照。
https://npowaon.jimdo.com/

④ NPO法人 コミュニケーション・アシスト・ネットワーク

言語障害や聴覚障害がある人の社会参加を支援するために、言語聴覚士を中心としたさまざまな専門家が参加しています。言語障害や聴覚障害に関するセミナーや講演会を開催するほか、情報発信などをしています。

【参加方法】ホームページの「入会案内」を参照。
http://www.we-can.or.jp

⑤ 横浜失語症者のコミュニケーションを支援する会

失語症の方のコミュニケーションのバリアフリーをめざしている団体で失語症のことをよく知って、不自由なコミュニケーションを補いながら、一緒に会話をしたり、周囲の人や地域社会との仲立ちをしたりする「失語症会話パートナー」を養成しています。

【活動の紹介】ホームページを参照。
https://shitsugosho.jimdo.com

⑥ NPO法人 日本失語症協議会

失語症などの障害をサポートする団体同士の親交を深める活動をしています。また、失語症の正しい知識を広めたり、当事者家族の生活と福祉の充実を目的に活動したり、言語障害のある人に悩みを相談できる場を紹介したりしています。

【参加方法】ホームページの「お問い合わせ・アクセス」を参照。
http://japc.info

さくいん

ア行

医師 ……………………………………………………… 23, 24
ウッドブロック ………………………………………… 21
運動神経 ………………………………………………… 7, 9
LD ……………………………………………………… 14, 22
延髄 ……………………………………………………… 9
おしゃべりペン ………………………………………… 29

カ行

会話支援シート ………………………………………… 28
会話支援のためのリソース手帳 ……………………… 28
会話明瞭度検査 ………………………………………… 11
感覚神経 ………………………………………………… 7, 9
間脳 ……………………………………………………… 9
気管 ……………………………………………………… 8
吃音 ……………………………………………………… 12, 13, 35
橋 ………………………………………………………… 9
共生社会 ………………………………………………… 32
緊急支援お願いカード ………………………………… 28
言語障害 ………………………………………………… 4, 6, 10〜19
言語障害の特徴 ………………………………………… 10〜15
言語中枢 ………………………………………………… 9
言語聴覚士 ……………………………………………… 22〜26, 36
構音器官 ………………………………………………… 8, 11
構音訓練 ………………………………………………… 11
構音障害 ………………………………………………… 10, 11
口腔 ……………………………………………………… 8
口唇 ……………………………………………………… 8
喉頭蓋 …………………………………………………… 8
硬口蓋 …………………………………………………… 8
語音弁別検査 …………………………………………… 11
ことばの教室 …………………………………………… 20, 21, 26, 31, 33
ことばのブロック ……………………………………… 21
コミュニケーション …………………………………… 6, 16, 22, 23, 36

サ行

作業療法士 ……………………………………………… 23
支援員 …………………………………………………… 26
舌 ………………………………………………………… 8
小脳 ……………………………………………………… 9

37

食道	8
人工内耳（じんこうないじ）	5
伸発（しんぱつ）	12
声帯（せいたい）	8
脊髄（せきずい）	9

タ行

大脳（だいのう）	9
大脳皮質（だいのうひしつ）	9
単音節構音検査（たんおんせつこうおんけんさ）	11
単語構音検査（たんごこうおんけんさ）	11
中脳（ちゅうのう）	9
聴覚（ちょうかく）	15
聴覚障害（ちょうかくしょうがい）	4, 15
通級指導教室（つうきゅうしどうきょうしつ）	26
トーキングエイド	29
特別支援学級（とくべつしえんがっきゅう）	26
特別支援学校（とくべつしえんがっこう）	26
DropTalk（ドロップトーク）	29

ナ行

喃語（なんご）	16
軟口蓋（なんこうがい）	8
難聴（なんちょう）	23
難発（なんぱつ）	12, 13
二語文（にごぶん）	16
脳（のう）	7, 9, 14

ハ行

肺（はい）	8, 9
発音	7〜11, 23, 31
発語器官（はつごきかん）	11
発声	8
鼻腔（びくう）	8
ビジョンセラピスト	23
フィンガーボード	29
補聴器（ほちょうき）	15, 22

ラ行

理学療法士（りがくりょうほうし）	23, 24
療育機関（りょういくきかん）	22
臨床心理士（りんしょうしんりし）	23
連発（れんぱつ）	12

監修

山中 ともえ
東京都調布市立飛田給小学校 校長

青山学院大学卒業、筑波大学大学院夜間修士課程リハビリテーションコース修了。東京都公立中学校教諭、東京都教育委員会指導主事、同統活指導主事を経て、現在、東京都調布市立飛田給小学校長。特別支援教育士スーパーバイザー、臨床発達心理士としての経験を活かし、全国特別支援学級設置学校長協会副会長、東京都特別支援学級設置校長協会会長として、特別支援教育の推進に努める。著書に『実践! 通級による指導 発達障害等のある児童のためにできること』(東洋館出版社)がある。

製作スタッフ

編集・装丁・本文デザイン
株式会社ナイスク　http://naisg.com
松尾里央　石川守延　藤原祐葉

DTP
小澤都子(レンデデザイン)

イラスト
イイノスズ

取材・文・編集協力
富田チヤコ

写真撮影
中川文作　荒川祐史

校閲
株式会社東京出版サービスセンター

商品提供・取材協力・写真提供

東京都世田谷区立烏山北小学校
田中美郷教育研究所 ノーサイド教育センター
NPO法人 言語障害者の社会参加を支援するパートナーの会 和音
NPO法人 ゆずりはコミュニケーションズ
FTF エフティエフプランニング
フランスベッド株式会社
エイチエムディティ株式会社
株式会社ユープラス
小中高校生の吃音のつどい
永井郁

参考文献・サイト

『ふしぎだね!? 言語障害のおともだち』
牧野泰美 監修、阿部厚仁 編(ミネルヴァ書房)

『図解 やさしくわかる言語聴覚障害』
小嶋知幸 著(ナツメ社)

『ことばの遅れのすべてがわかる本』
中川信子 監修(講談社)

『ことばの障害と脳のはたらき』
小嶋祥三・鹿取廣人 監修、久保田競 編(ミネルヴァ書房)

文部科学省 ホームページ
http://www.mext.go.jp/

厚生労働省 ホームページ
http://www.mhlw.go.jp/

知ろう! 学ぼう! 障害のこと

言語障害のある友だち

初版発行　2017年3月　　第2刷発行　2018年4月

監　修　　山中ともえ

発行所　　株式会社金の星社
　　　　　〒111-0056　東京都台東区小島1-4-3

電　話　　03-3861-1861(代表)
ＦＡＸ　　03-3861-1507
振　替　　00100-0-64678
ホームページ　http://www.kinnohoshi.co.jp
印刷・製本　図書印刷株式会社

40p 29.3cm NDC378　ISBN978-4-323-05655-5
©Suzu Iino, NAISG Co.,Ltd., 2017
Published by KIN-NO-HOSHI-SHA Co.,Ltd, Tokyo, Japan.
乱丁落丁本は、ご面倒ですが、小社販売部宛にご送付ください。
送料小社負担にてお取替えいたします。

JCOPY 出版者著作権管理機構 委託出版物

本書の無断複写は著作権法上での例外を除き禁じられています。複写される場合は、そのつど事前に出版者著作権管理機構(電話 03-3513-6969　FAX03-3513-6979 e-mail: info@jcopy.or.jp)の許諾を得てください。
※ 本書を代行業者等の第三者に依頼してスキャンやデジタル化することは、たとえ個人や家庭内での利用でも著作権法違反です。

知ろう！学ぼう！障害のこと

【全7巻】シリーズNDC：378　図書館用堅牢製本　金の星社

LD（学習障害）・ADHD（注意欠如・多動性障害）のある友だち
監修：笹田哲（神奈川県立保健福祉大学 教授／作業療法士）

LDやADHDのある友だちは、何を考え、どんなことに悩んでいるのか。発達障害に分類されるLDやADHDについての知識を網羅的に解説。ほかの人には分かりにくい障害のことを知り、友だちに手を差し伸べるきっかけにしてください。

自閉スペクトラム症のある友だち
監修：笹田哲（神奈川県立保健福祉大学 教授／作業療法士）

自閉症やアスペルガー症候群などが統合された診断名である自閉スペクトラム症。障害の特徴や原因などを解説します。感情表現が得意ではなく、こだわりが強い自閉スペクトラム症のある友だちの気持ちを考えてみましょう。

視覚障害のある友だち
監修：久保山茂樹／星祐子（独立行政法人 国立特別支援教育総合研究所 総括研究員）

視覚障害のある友だちが感じとる世界は、障害のない子が見ているものと、どのように違うのでしょうか。特別支援学校に通う友だちに密着し、学校生活について聞いてみました。盲や弱視に関することがトータルでわかります。

聴覚障害のある友だち
監修：山中ともえ（東京都調布市立飛田給小学校 校長）

耳が聞こえない、もしくは聞こえにくい障害を聴覚障害といいます。耳が聞こえるしくみや、なぜ聞こえなくなってしまうかという原因と、どんなことに困っているのかを解説。聴覚障害をサポートする最新の道具も掲載しています。

言語障害のある友だち
監修：山中ともえ（東京都調布市立飛田給小学校 校長）

言葉は、身ぶり手ぶりでは表現できない情報を伝えるとても便利な道具。言語障害のある友だちには、コミュニケーションをとるときに困ることがたくさんあります。声が出るしくみから、友だちを手助けするためのヒントまで詳しく解説。

ダウン症のある友だち
監修：久保山茂樹（独立行政法人 国立特別支援教育総合研究所 総括研究員）
監修：村井敬太郎（独立行政法人 国立特別支援教育総合研究所 主任研究員）

歌やダンスが得意な子の多いダウン症のある友だちは、ダウン症のない子たちに比べてゆっくりと成長していきます。ダウン症のある友だちと仲良くなるためには、どんな声をかけたらよいのでしょうか。ふだんの生活の様子から探ってみましょう。

肢体不自由のある友だち
監修：笹田哲（神奈川県立保健福祉大学 教授／作業療法士）

肢体不自由があると、日常生活のいろいろなところで困難に直面します。困難を乗り越えるためには、本人の努力と工夫はもちろん、まわりの人の協力が大切です。車いすの押し方や、バリアフリーに関する知識も紹介しています。